独喜·建筑

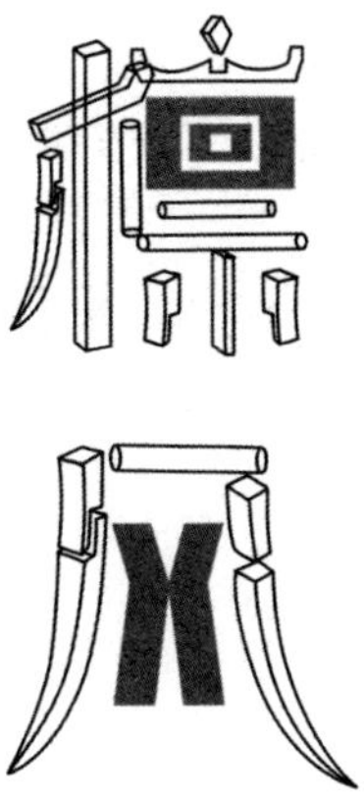

浙江摄影出版社·编

浙江摄影出版社
全国百佳图书出版单位

责任编辑：王梁裕子
装帧设计：徐 爽 杨 喆
责任校对：高余朵
责任印制：汪立峰

图书在版编目（CIP）数据

独喜·建筑．檩风 / 浙江摄影出版社编．-- 杭州：浙江摄影出版社，2020.8

ISBN 978-7-5514-2582-7

Ⅰ．①独… Ⅱ．①浙… Ⅲ．①古建筑—中国—摄影集 Ⅳ．①TU-092.2

中国版本图书馆 CIP 数据核字（2020）第 118904 号

LIN FENG

檩风

独喜·建筑

浙江摄影出版社 编

全国百佳图书出版单位
浙江摄影出版社出版发行
地址：杭州市体育场路 347 号
邮编：310006
电话：0571-85151082
网址：www.photo.zjcb.com
制版：浙江新华图文制作有限公司
印刷：浙江海虹彩色印务有限公司
开本：889mm × 1194mm 1/32
印张：6
2020 年 8 月第 1 版 2020 年 8 月第 1 次印刷
ISBN 978-7-5514-2582-7
定价：48.00 元

注：本手账选用插图均为中国建筑史学的先行者们在建筑调查、研究及教学过程中绘制的。图稿中含有繁体字、英文等内容，部分建筑物、建筑构件等名称以及建筑物所在地的辖区归属因时代更迭与现今有所不同。为保留图稿的历史、学术、艺术价值，在此尊重原作不作修改。部分图稿因年代久远墨迹模糊，特此说明。

中国古代建筑历史悠久，散布区域辽阔，不同民族由于地理环境、文化艺术传统、宗教信仰的差异，建筑风格迥异。大到一城一市，小到一宅一园，历经千年技术传承和文化积淀，最终形成了独具特色的中国古代建筑文明。这些建筑工程设计上充满了中国元素，不仅是中华文化的体现，也是艺术的大宗遗产，是中国智慧及中国审美的表现载体。

1929年，中国营造学社成立。在朱启钤先生的领导与梁思成、刘敦桢等学者的鼎力支持下，学社开创性地引入现代学术方法，对中国古代营造文献与建筑遗构进行系统整理与研究，这是中国建筑史学与历史建筑保护事业发展的里程碑。

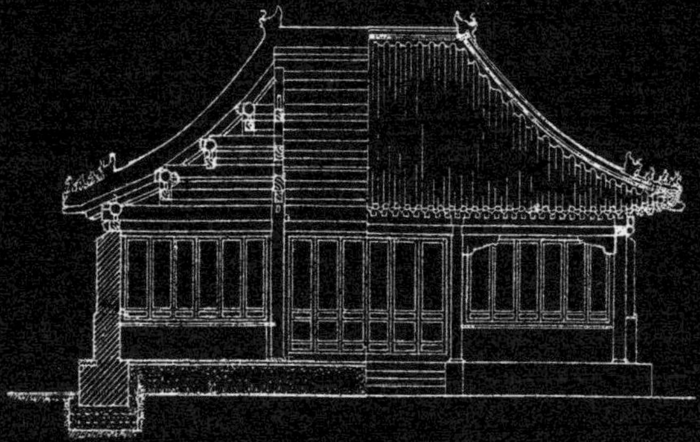

谨以此纪念中国建筑史学的先行者们对于建筑文化遗产保护事业的开拓之功。

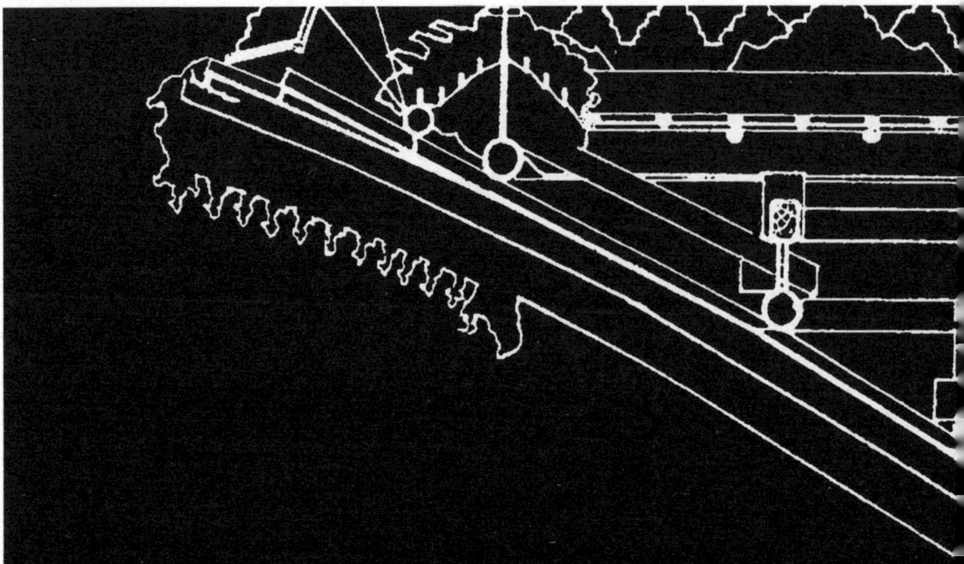

脊兽是中国古代建筑中装饰于屋脊的兽形构件，充当着稳固和美化建筑的角色。脊兽以仙人为首，身后是一干小兽，小兽的数目则根据各建筑规模和等级的不同有所变化，依次有龙、凤、狮子、天马、海马、狻猊、押鱼、獬豸、斗牛、行什。十只小兽每一只都肩负着不同的职责：或与云雨有关，寓意驱除火灾；或生双翅，寓意通天入地；或威武凶猛，寓意守正辟邪。

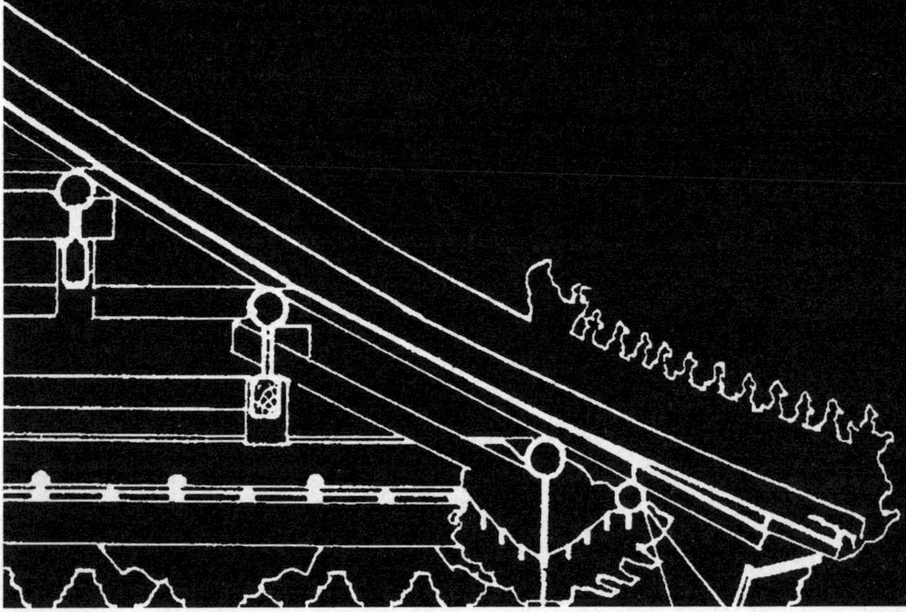

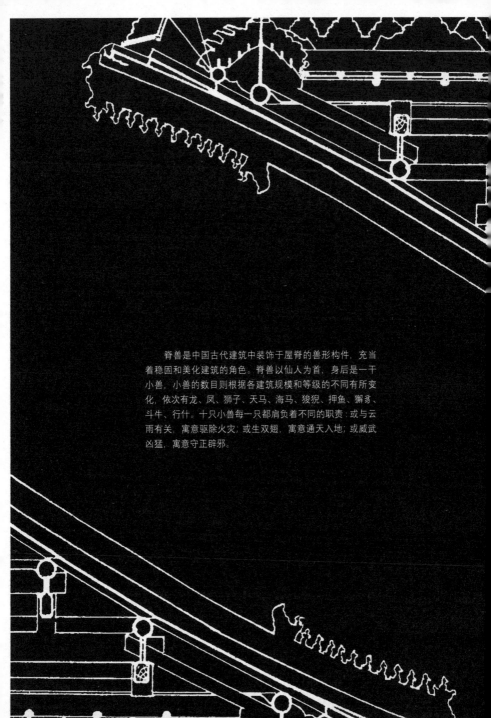

脊历

一月

xiān rén
仙人

SUN	MON	TUE

WED	THU	FRI	SAT

二月

SUN	MON	TUE
	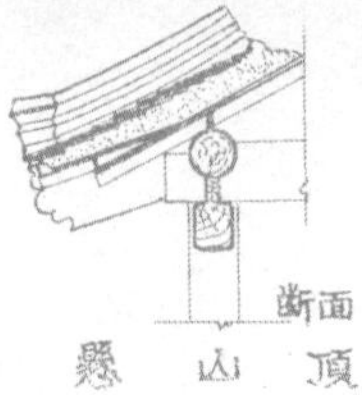	

lóng
龙

WED	THU	FRI	SAT
			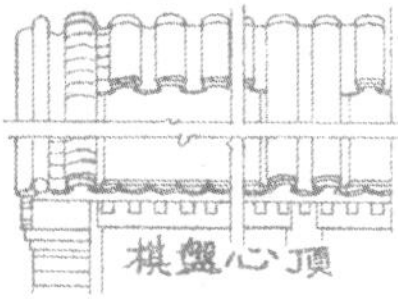
	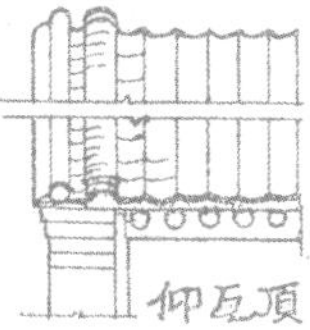		

三月

fèng
凤

SUN	MON	TUE

WED	THU	FRI	SAT

四月

shī zi
狮子

SUN	MON	TUE

WED	THU	FRI	SAT

五月

tiān mǎ
天马

SUN	MON	TUE

WED	THU	FRI	SAT

六月

hǎi mǎ
海马

SUN	MON	TUE
	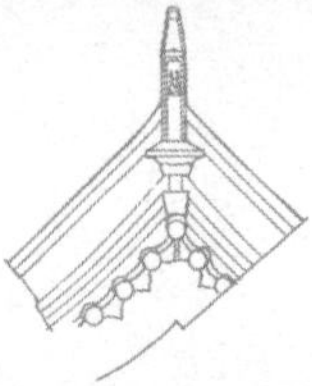	

WED	THU	FRI	SAT
	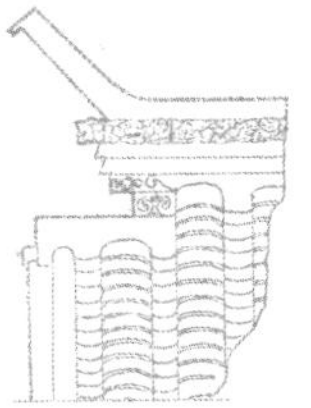		

七月

suān ní
狻猊

SUN	MON	TUE

WED	THU	FRI	SAT

八月

yā yú
押鱼

SUN	MON	TUE

WED	THU	FRI	SAT

九月

xiè zhì
獬豸

SUN	MON	TUE
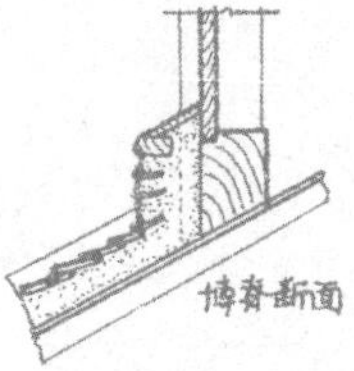		

WED	THU	FRI	SAT
 歇山正面立面			
			 歇山山面立面

十月

dǒu niú
斗牛

SUN	MON	TUE

WED	THU	FRI	SAT

十一月

háng shí
行什

SUN	MON	TUE

WED	THU	FRI	SAT

十二月

qiàng shòu
戗兽

SUN	MON	TUE

WED	THU	FRI	SAT

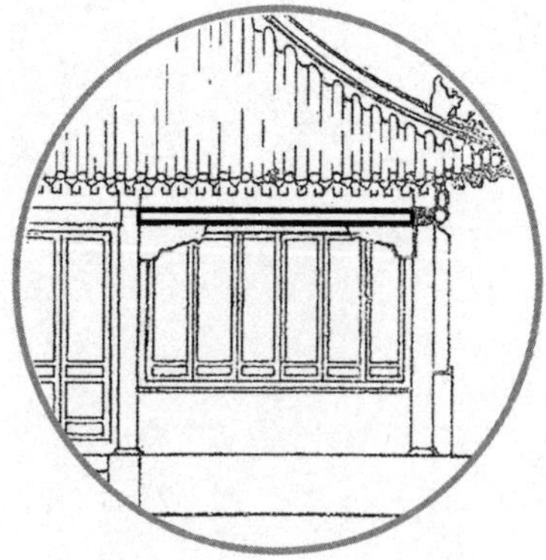

阑额

阑额，宋式建筑构架用语，指置于檐柱与檐柱之间起连接和加固作用的构件，在清式建筑构架中又被叫作“大额枋”。

歇山屋頂步出檁架

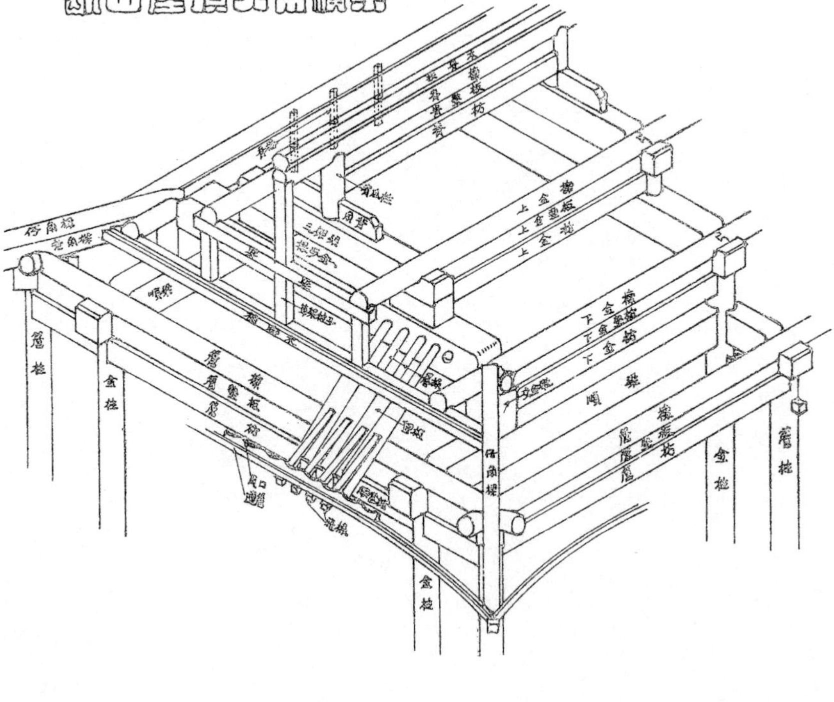

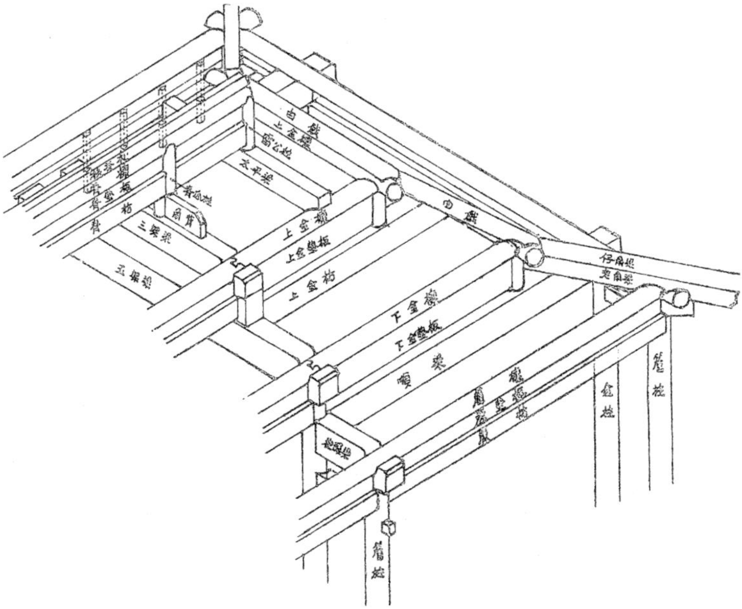
由戗
上金檩
雷公柱
太平梁
脊瓜柱
角背
三架梁
五架梁
上金檩
上金垫板
上金枋
由戗
仔角梁
老角梁
下金檩
下金垫板
顺梁
金柱
檐柱
檐柱

廡殿屋頂推山構架

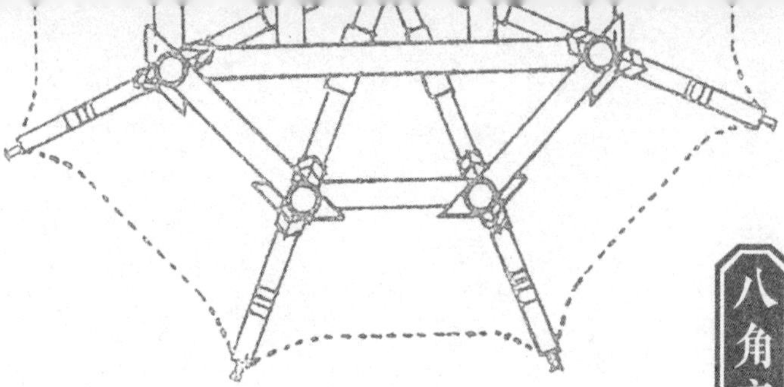

八角亭

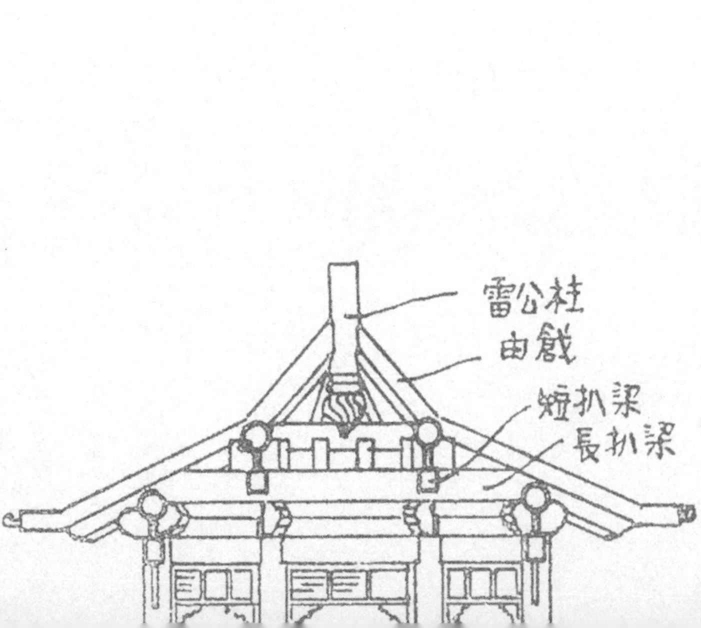

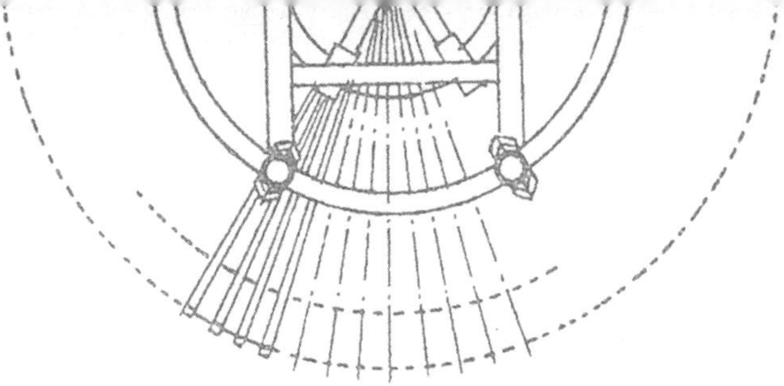

六柱圆亭

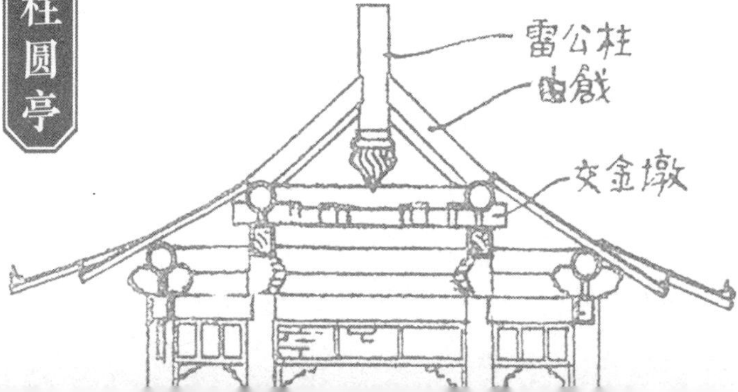

河北赵县安济桥，又名赵州桥，隋匠李春所造，是中国现存最古老的拱桥，也是世界上第一座敞肩式石拱桥。一个大拱，状若长弓，桥面与水面却几近平行。大拱的两肩上各驮有两个小拱，拱上加拱，不仅减少水流阻力、减轻桥重，在外观上也更显精巧空灵。

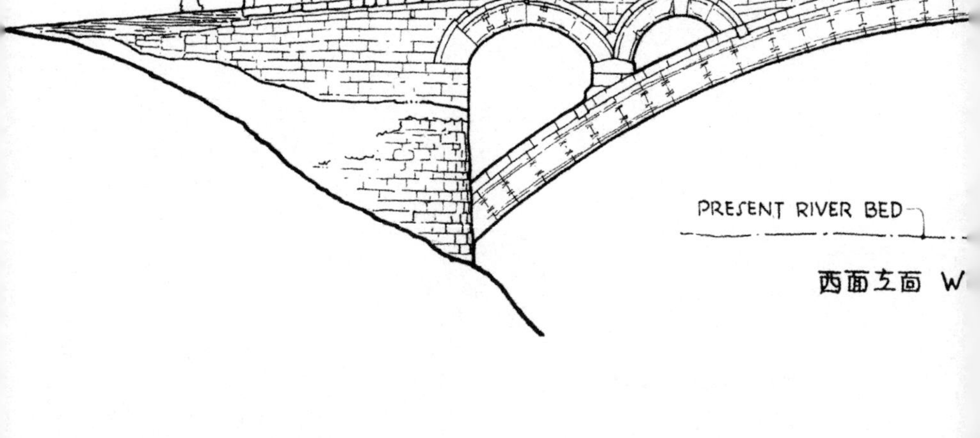

西面立面 W

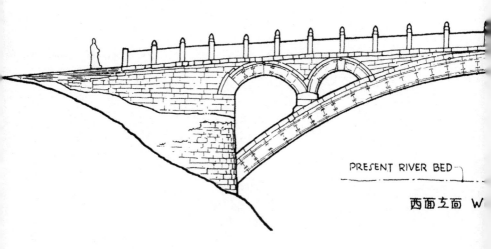

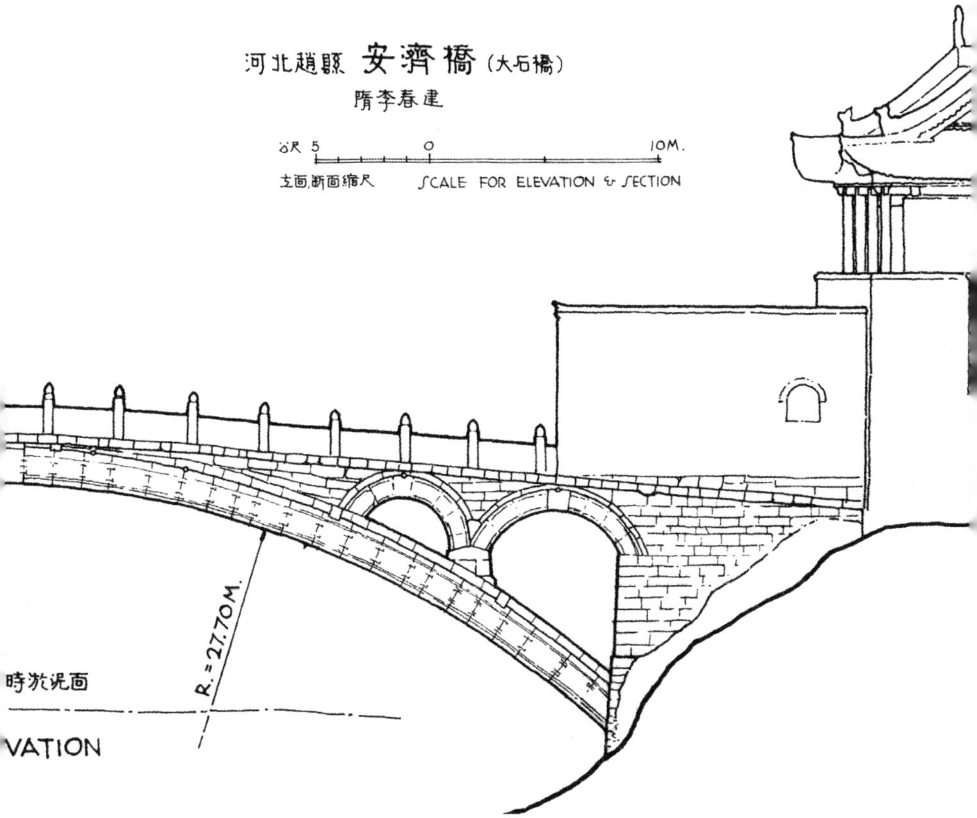
河北趙縣 安濟橋（大石橋）
隋李春建
公尺 5 0 10M.
立面,斷面縮尺 SCALE FOR ELEVATION & SECTION
R.=27.70M.
時淤泥面
VATION

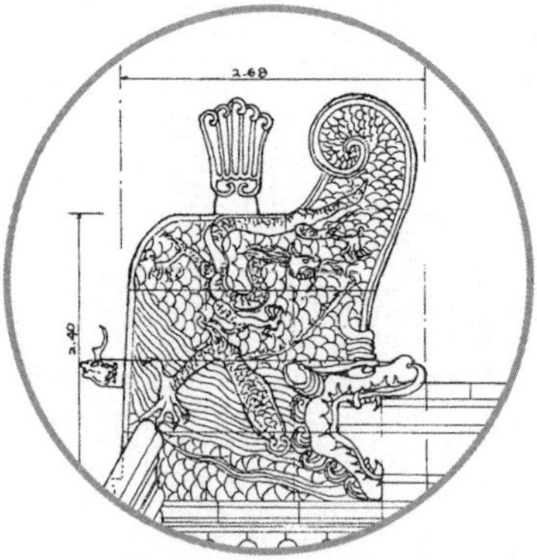

鸱吻

鸱吻，中国古代建筑屋脊之重要装饰，由“鸱尾”逐渐演变发展而来，通常为带有短尾的兽头，口大张，正吞着屋脊，尾部上翘而卷起，有兴雨防火的寓意。

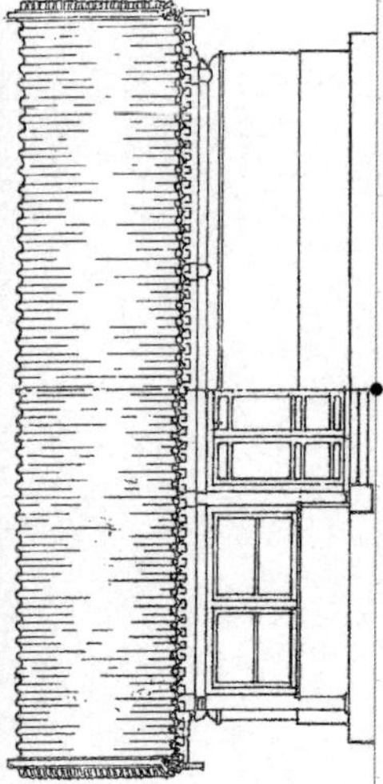

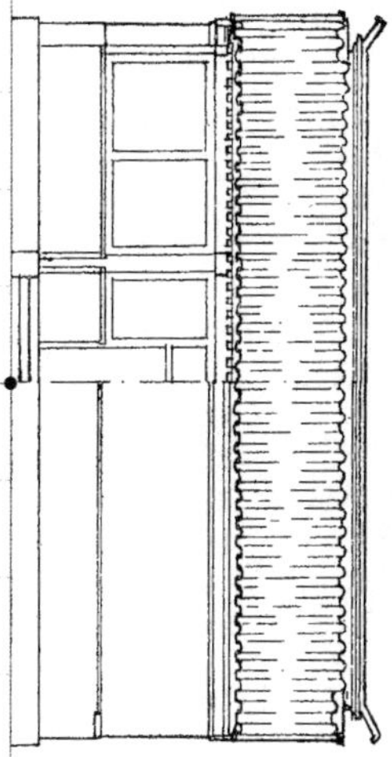

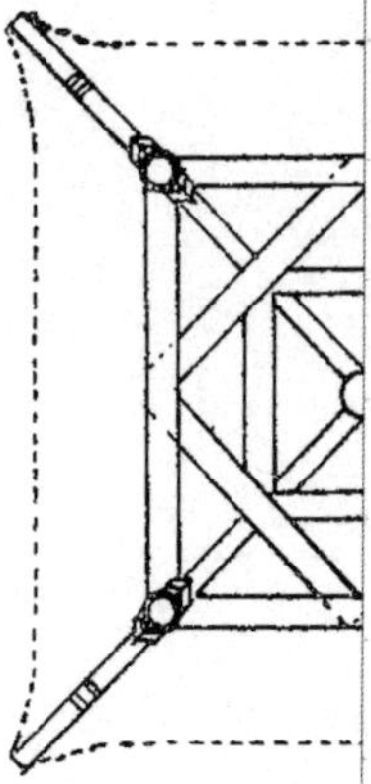

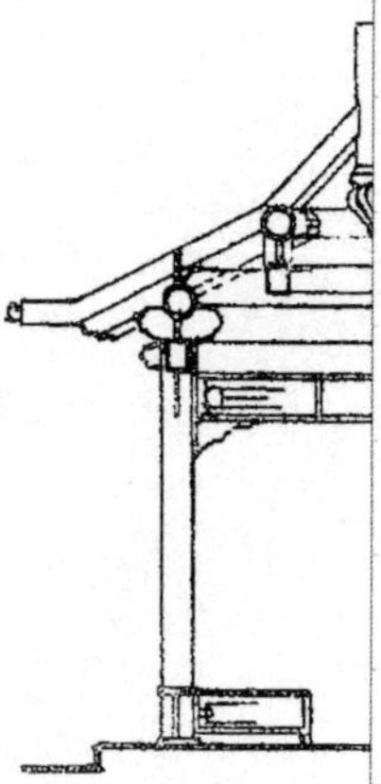

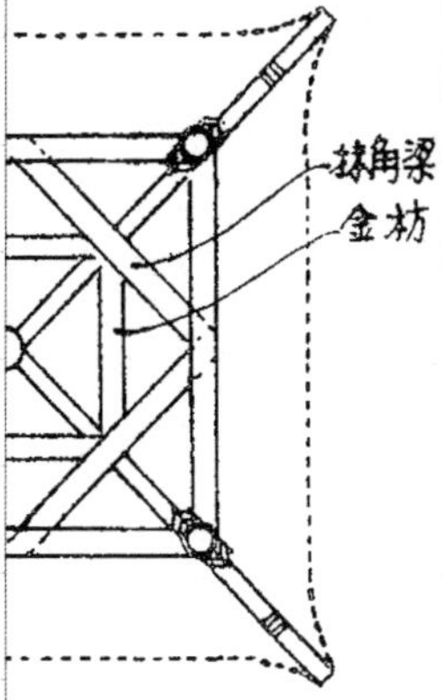
抹角梁
金枋

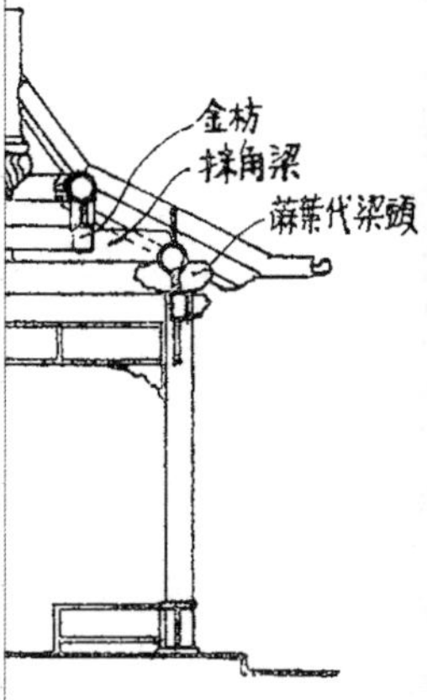
金枋
抹角梁
蔴葉代梁頭

日本奈良法隆寺是中国南北朝佛教文化传入日本时所兴建的早期寺院之一。法隆寺金堂是重檐歇山顶式的佛殿，其斗拱被设计成云状，二层的勾栏上还设有“人字拱”，是非常特殊的款式。法隆寺对于认识中国早期木构建筑技术具有重要的意义，是研究南北朝隋唐建筑可参照和旁证的木构实例。

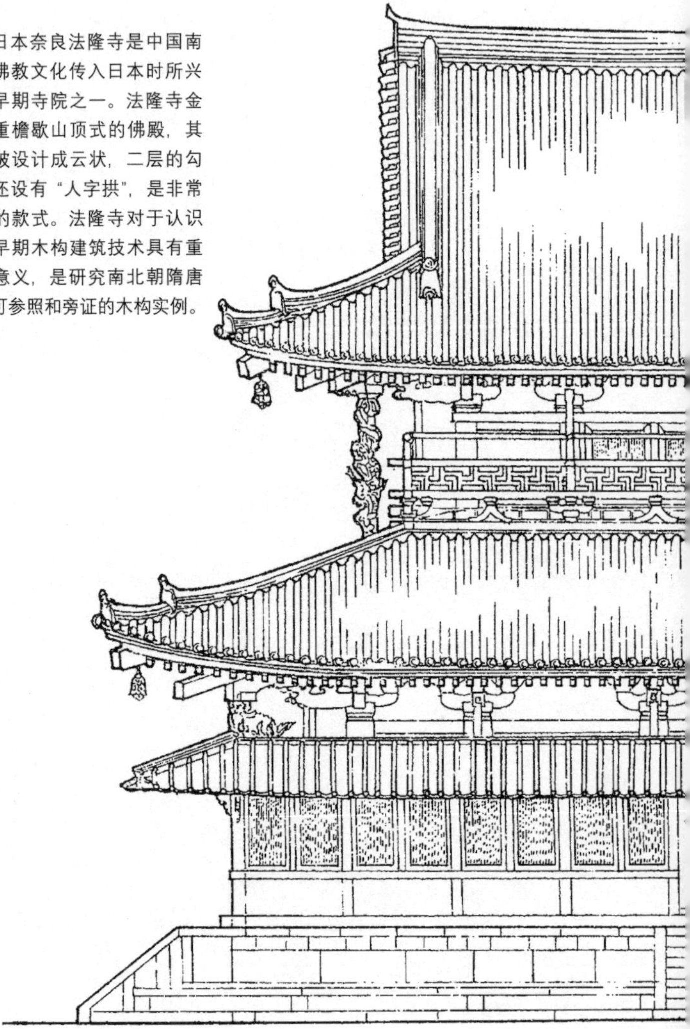

法隆寺

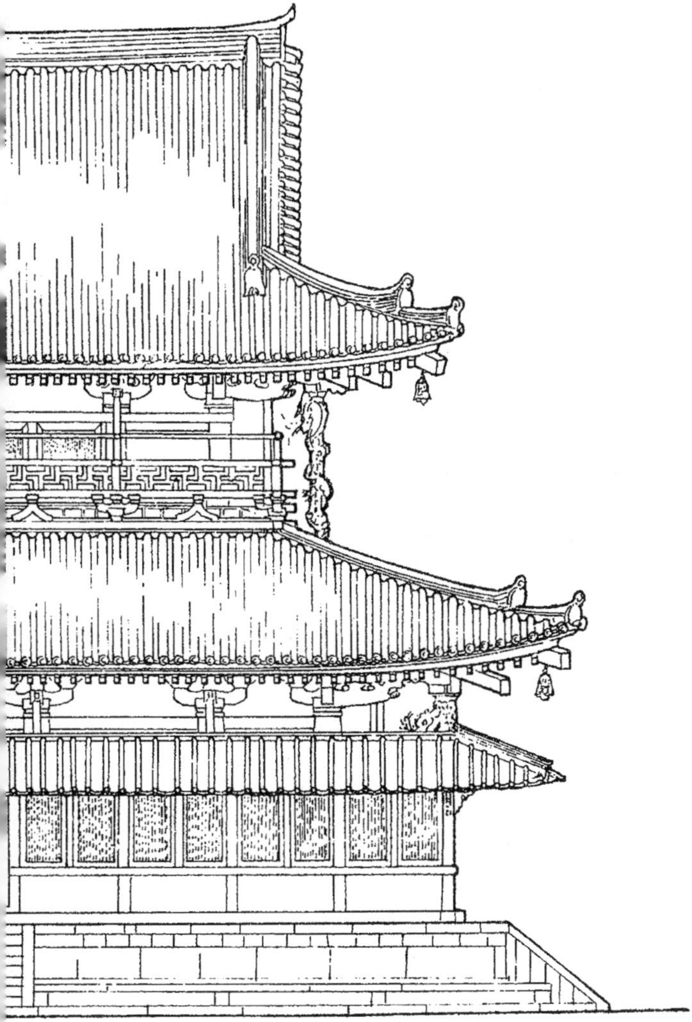

立面图

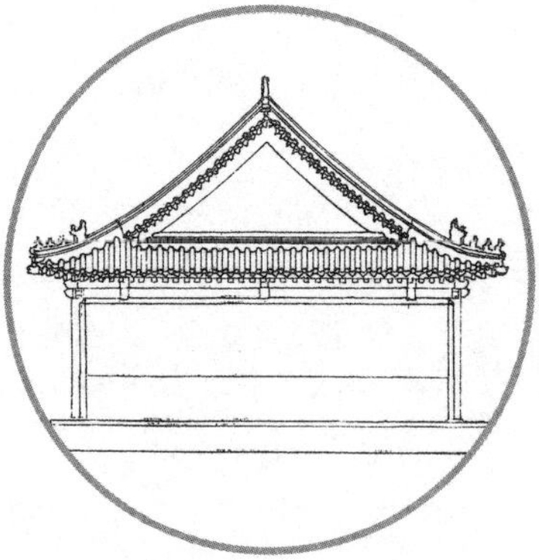

歇山顶

歇山顶即九脊顶，是我国古代建筑屋顶式样的一种，包括一条正脊、四条垂脊与四条戗脊，共九条脊，为仅次于五脊庑殿顶之高级屋顶，多用于宫殿及寺庙。

30 20 10

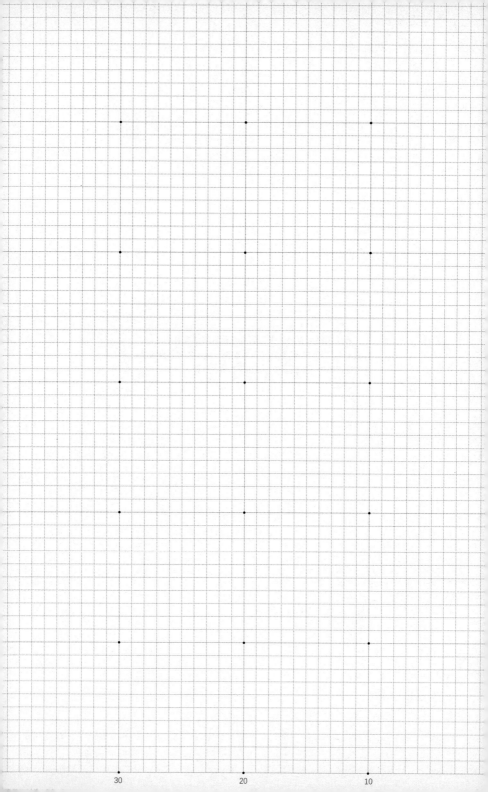

10 20 30

30 20 10

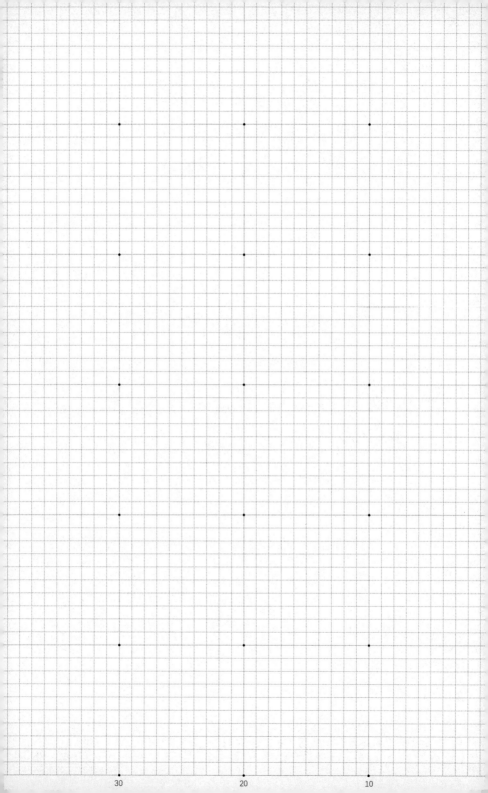

10 20 30

30 20 10

10 20 30

30 20 10

九檁大式廡殿

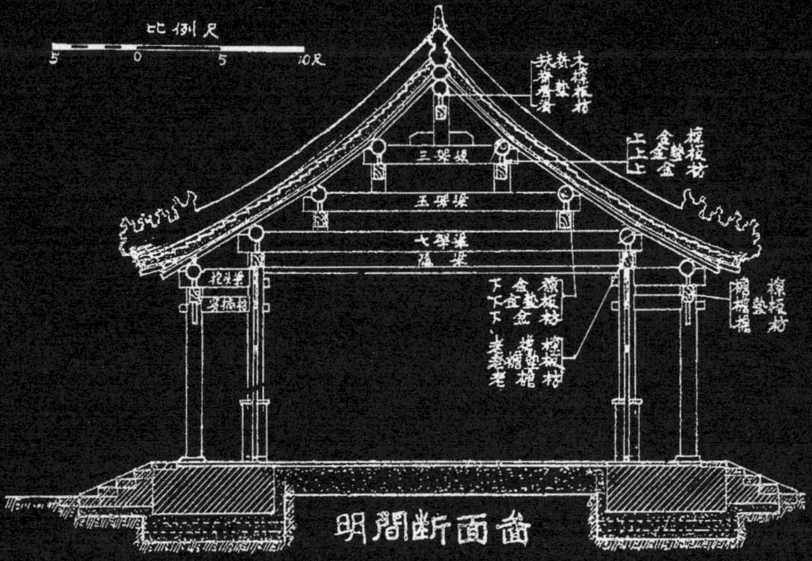

明間斷面圖

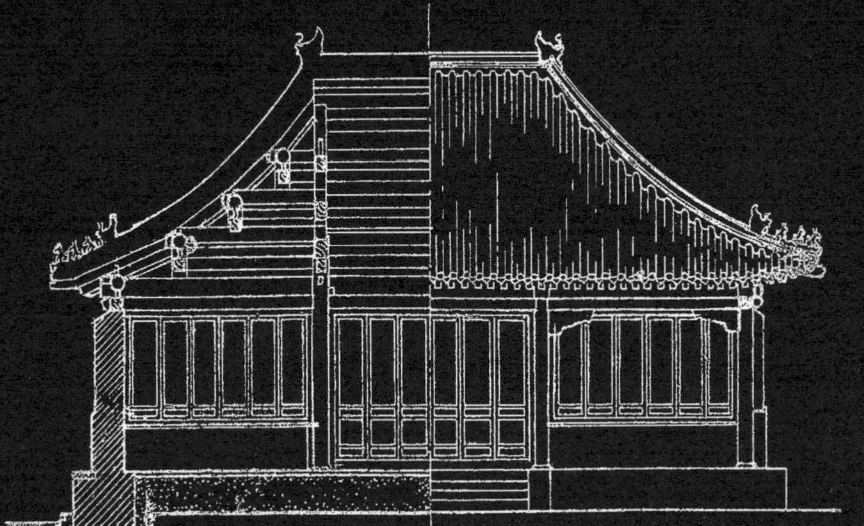

縱斷面圖　　正立面圖

九檩大式歇山

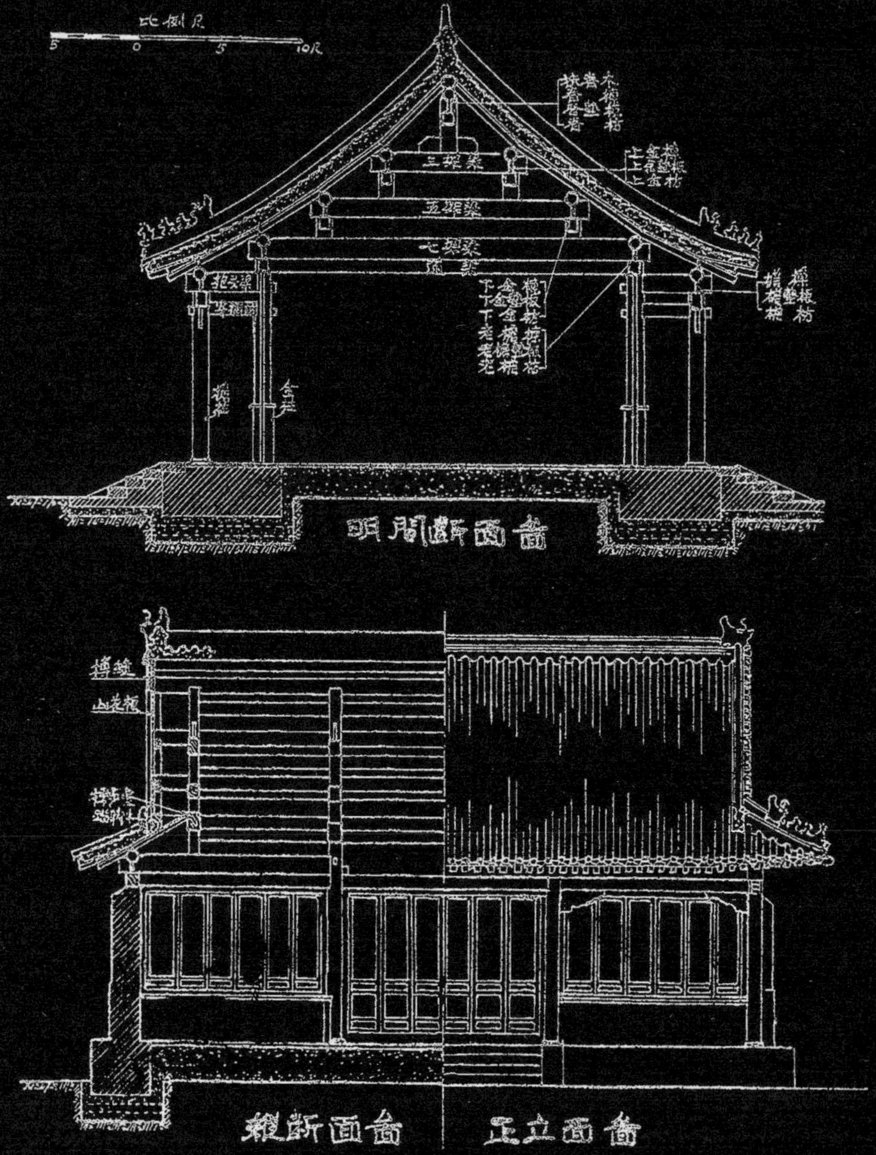

10 20 30

30 20 10

10 20 30

30 20 10

10 20 30

30 20 10

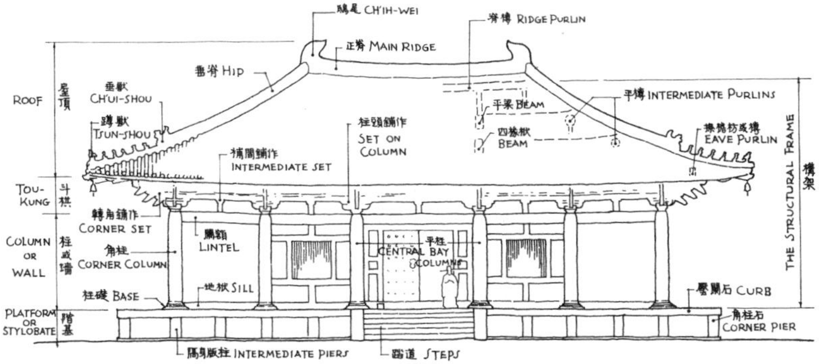

NAMES OF PRINCIPAL PARTS OF A CHINESE BUILDING

中國建築主要部份名稱圖

採桑獵鈁拓本 故宮博物院藏

戰國時代

RUBBING FROM VASE OF LATE CHOU PERIOD

B.C. 403-221. (NATIONAL PALACE MUSEUM)

山西五台山佛光寺祖师塔，建造年代已不可考，其塔身为六角形砖造，共两层。下层上部砌斗拱一圈，斗拱上为莲瓣檐，再上为叠涩檐，塔门的形式为拱券门，顶上用莲瓣形的火焰作券面装饰。塔的第二层为一小阁，六角分别饰以三朵束莲倚柱。塔刹以两层仰莲为座，上承宝瓶。整座塔的建筑风格颇有印度风韵，形制极为特殊。

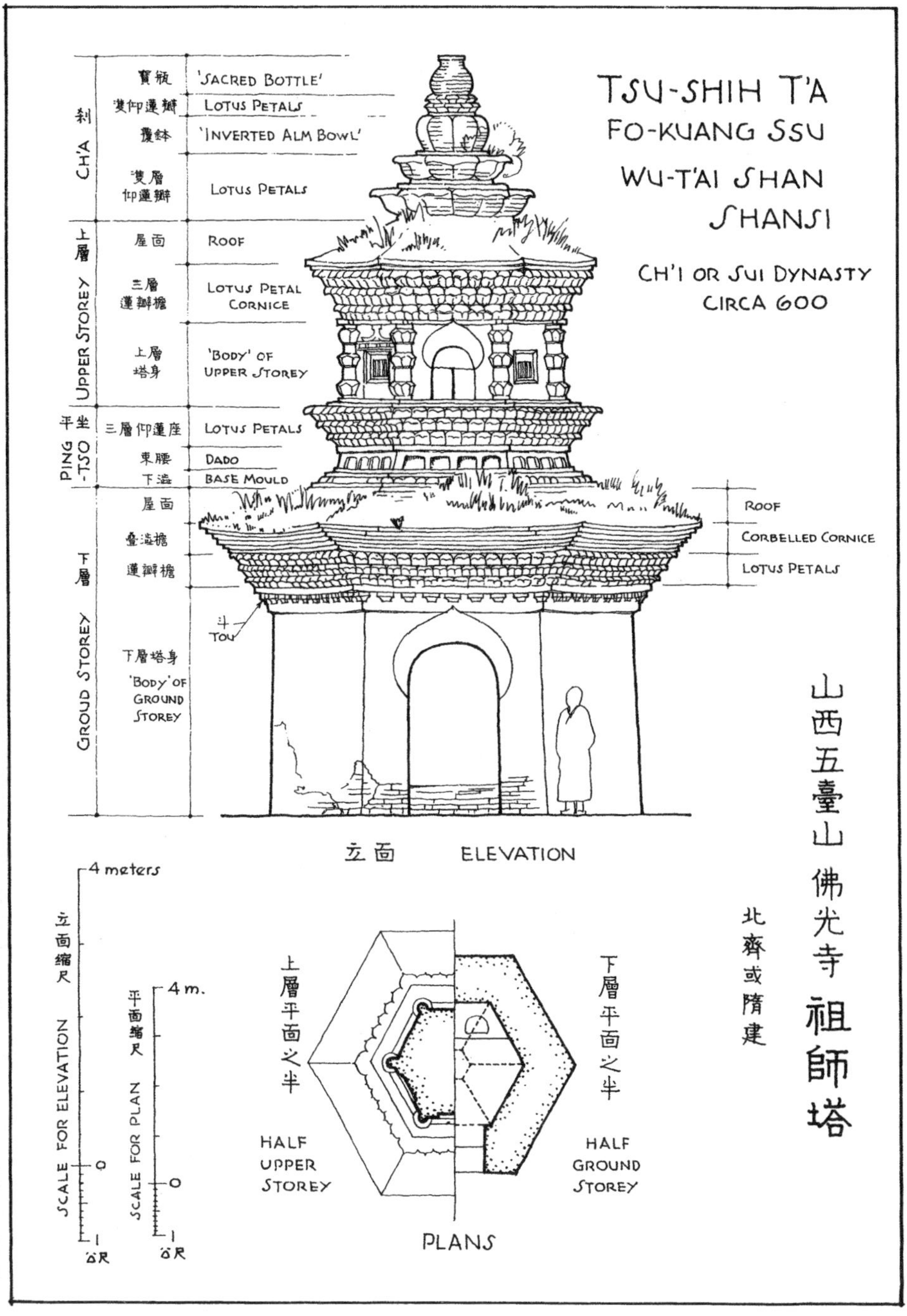
TSU-SHIH T'A
FO-KUANG SSU
WU-T'AI SHAN
SHANSI
CH'I OR SUI DYNASTY
CIRCA 600
山西五臺山佛光寺祖師塔
北齊或隋建
剎 CH'A
寶瓶 'SACRED BOTTLE'
覆仰蓮瓣 LOTUS PETALS
覆鉢 'INVERTED ALM BOWL'
覆層仰蓮瓣 LOTUS PETALS
上層 UPPER STOREY
屋面 ROOF
三層蓮瓣檐 LOTUS PETAL CORNICE
上層塔身 'BODY' OF UPPER STOREY
平坐 PING-TSO
三層仰蓮座 LOTUS PETALS
束腰 DADO
下澁 BASE MOULD
下層 GROUD STOREY
屋面
疊澁檐
蓮瓣檐
斗 TOU
下層塔身 'BODY' OF GROUND STOREY
ROOF
CORBELLED CORNICE
LOTUS PETALS
立面 ELEVATION
立面縮尺 SCALE FOR ELEVATION
4 meters
0
1
平面縮尺 SCALE FOR PLAN
4 m.
0
1
上層平面之半 HALF UPPER STOREY
下層平面之半 HALF GROUND STOREY
PLANS

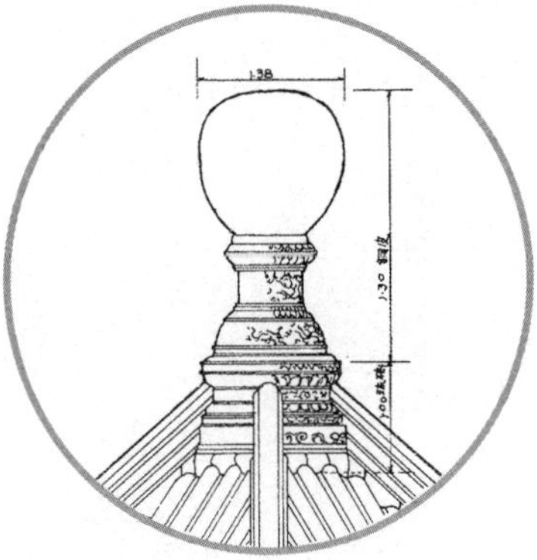

宝顶

宝顶是安装在建筑物屋顶正中最上端的装饰，尤以攒尖式屋顶最为常见。它的形状有方有圆，也有一些比较复杂的变化形式。在一些等级较高的建筑物中，常采用琉璃宝顶作为装饰。

30 20 10

10 20 30

30 20 10

10 20 30

30 20 10

10 20 30

30 20 10

營造法式中所規定的斗栱比例為便於簡單記憶可表列如下

名件	宋名稱	長(斗口)	寬(斗口)	高(斗口)	附註
坐斗	櫨斗	3.	3.00	2.00	宋之耳,平,欹,清稱斗耳,斗腰,斗底,三者高之比例為4:2:4之比
十八斗	交互斗	1.8	1.48	1.00	
三才升	散斗	1.3	1.48	1.00	
槽升子	齊心斗	1.3	1.72	1.00	
正心瓜栱	泥道栱	6.2	1.24	2.00	見各栱卷殺法
正心萬栱	足材慢栱	9.2	1.24	2.00	見圖板貳
裏外拽瓜栱	瓜子栱	6.2	1.00	1.40	
裏外拽萬栱	單材慢栱	9.2	1.00	1.40	
廂栱	令栱	7.2	1.00	1.40	
翹	華栱	按拽架定	1.00	2.00	
昂	下昂	按拽架定	1.00	2.00	昂嘴做法見圖板貳
挑杆	昂尾	按步架定	1.00	2.00	見圖板壹
螞蚱頭	耍頭	出三	1.00	2.00	見圖板壹
菊花頭	鞾楔	3	1.00	臨時酌定	見圖板壹及貳
正心枋	柱頭枋	隨間	1.24	2.00	
井口枋	平棊枋	隨間	1.00	3.00	
挑檐枋	橑檐枋	隨間	1.00	2.00	
拽枋	羅漢枋	隨間	1.00	2.00	
撐頭木	襯方頭	按拽架定	1.00	2.00	

30 20 10

10 20 30

30 20 10

10 20 30

30 20 10

10

20

30

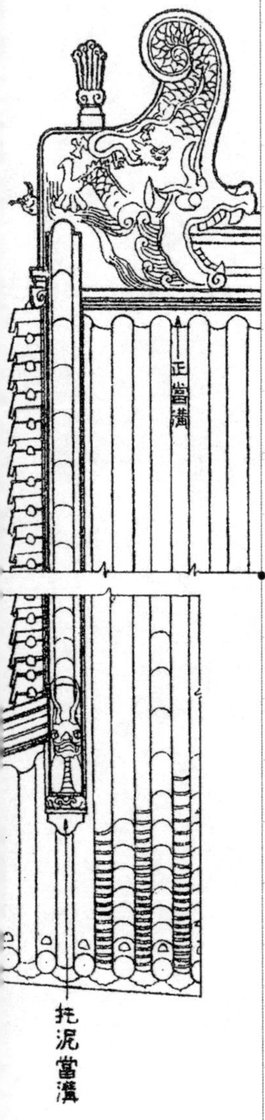
正當溝
托泥當溝

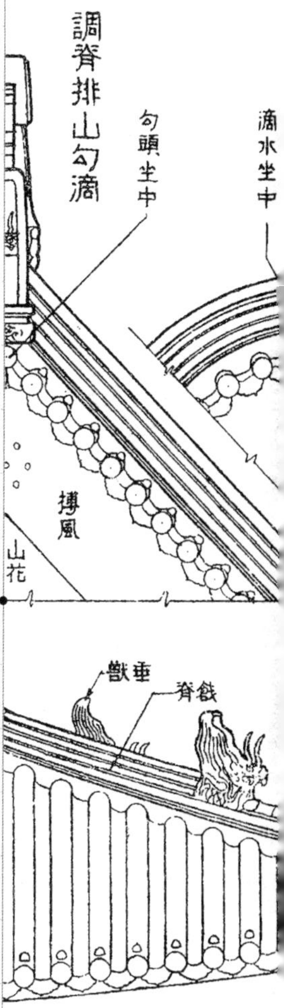

歇山側面立面

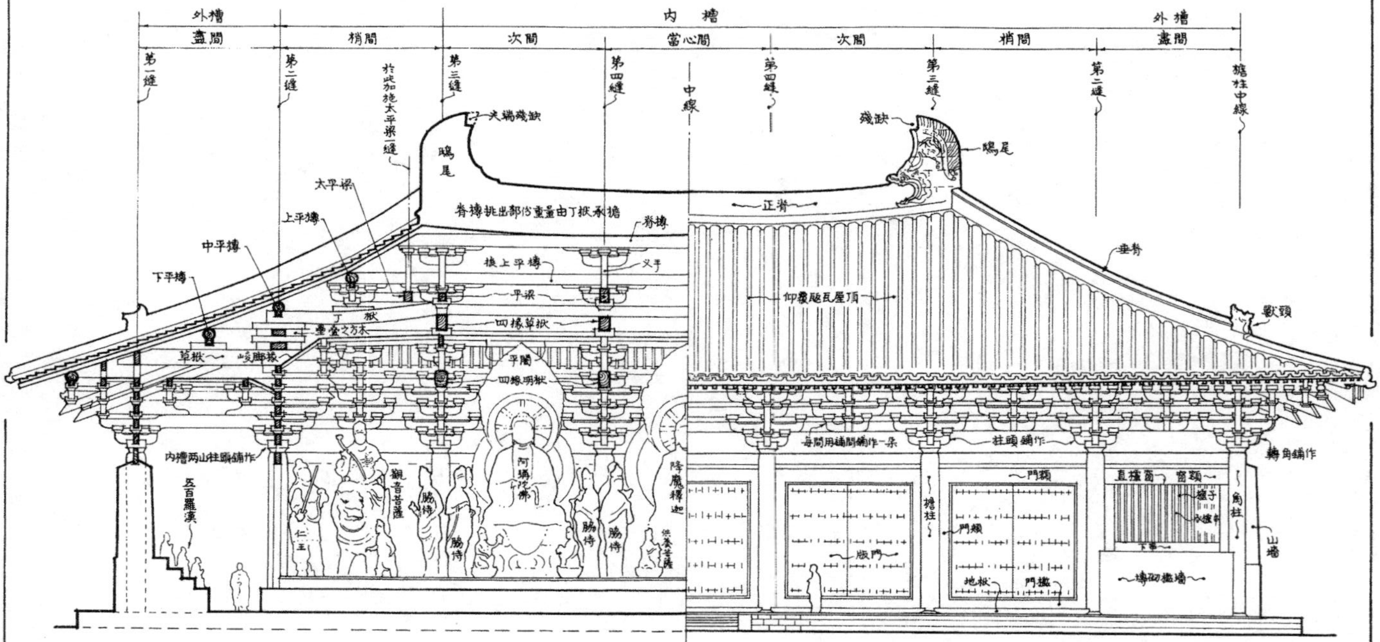

LONGITUDINAL SECTION 縱斷面

西立面 WEST ELEVATION

1 0 5公尺

山西五台山 佛光寺大殿 唐大中十一年建 857 A.D.

MAIN HALL OF FO-KUANG SSU · WU-T'AI SHAN · SHANSI

山西五台山佛光寺大殿建于唐大中十一年（公元 857 年），大殿面阔七间、进深四间，为单檐庑殿顶，檐下尽是硕大疏朗的斗拱，展现力与美的结合。佛光寺大殿是殿堂型构架的典型代表，也是中国罕见的保存至今的唐代大型木构建筑。

雀替

雀替，木装饰构件名称，用于大式建筑外檐额枋与柱的相交处，从柱内伸出以承托额枋，具有增大额枋受剪断面及拉结额枋的作用。

清水脊大樣

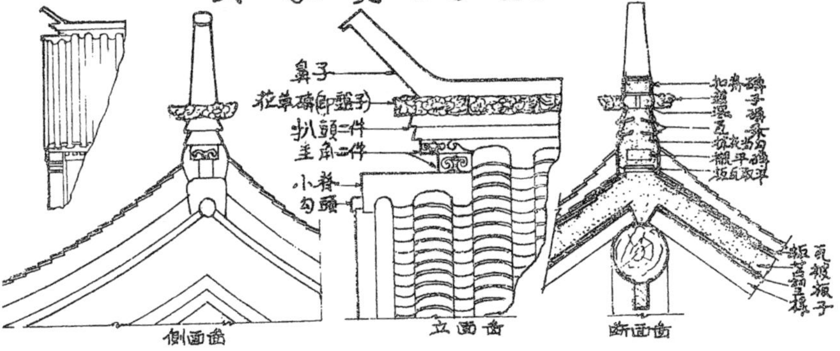

皮條脊大樣

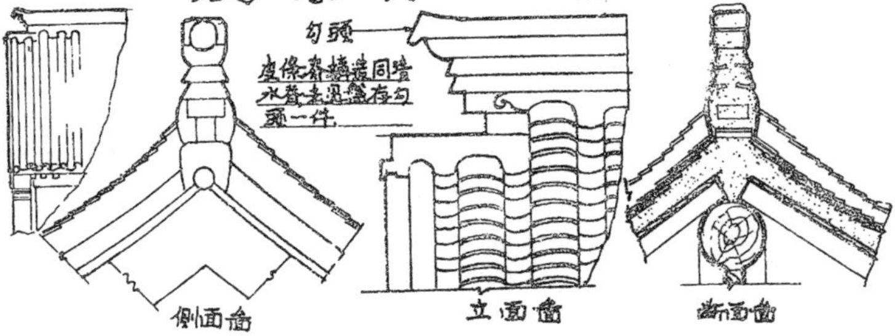

箍頭脊大樣

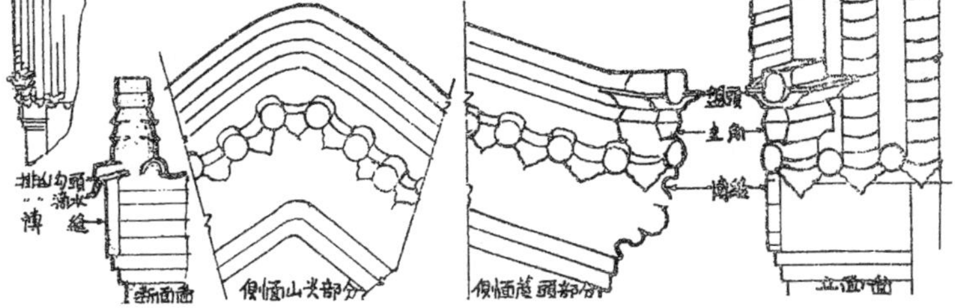

30 20 10

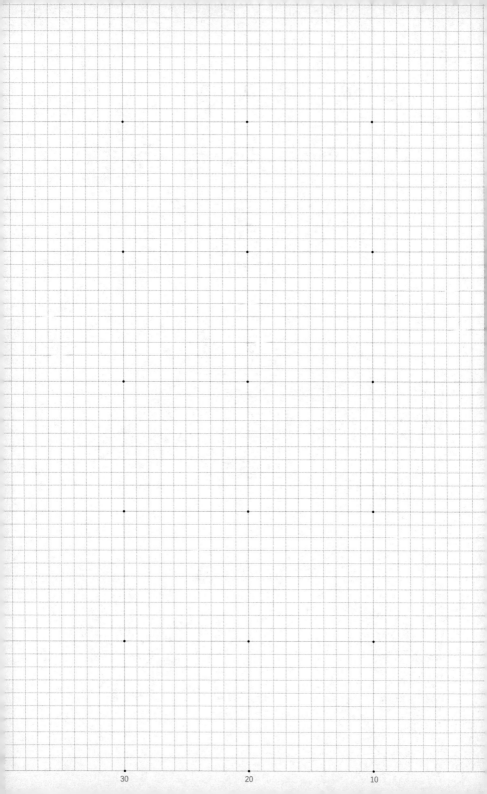

10 20 30

30 20 10

10 20 30

30 20 10

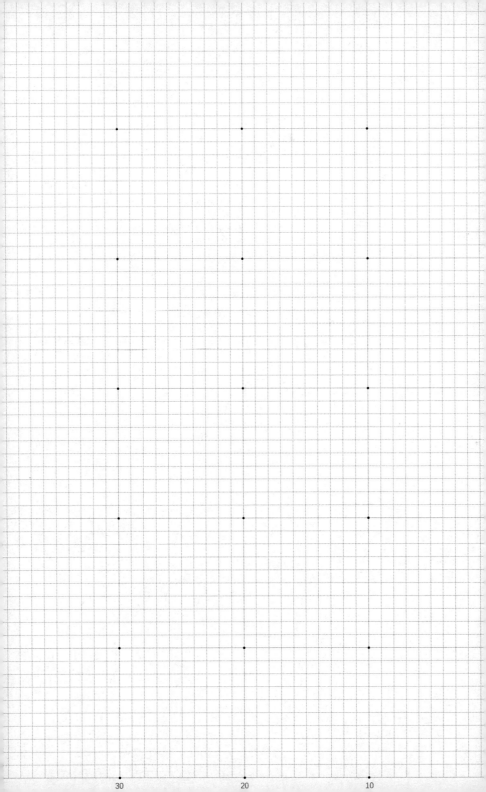

10 20 30

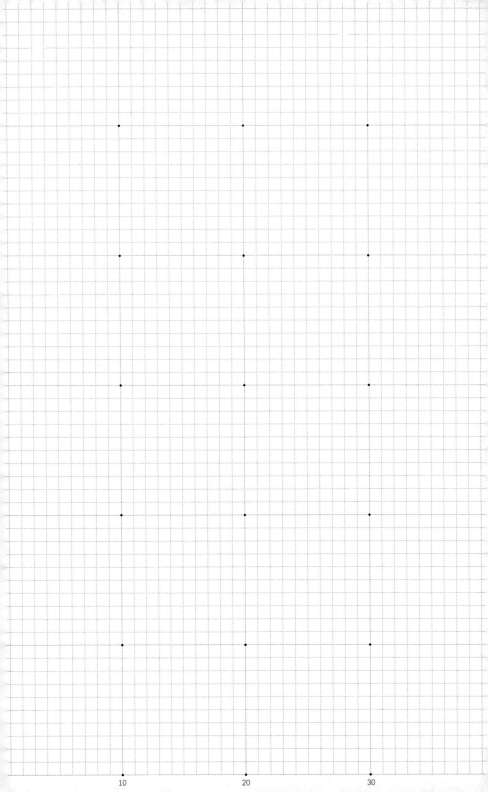

30 20 10

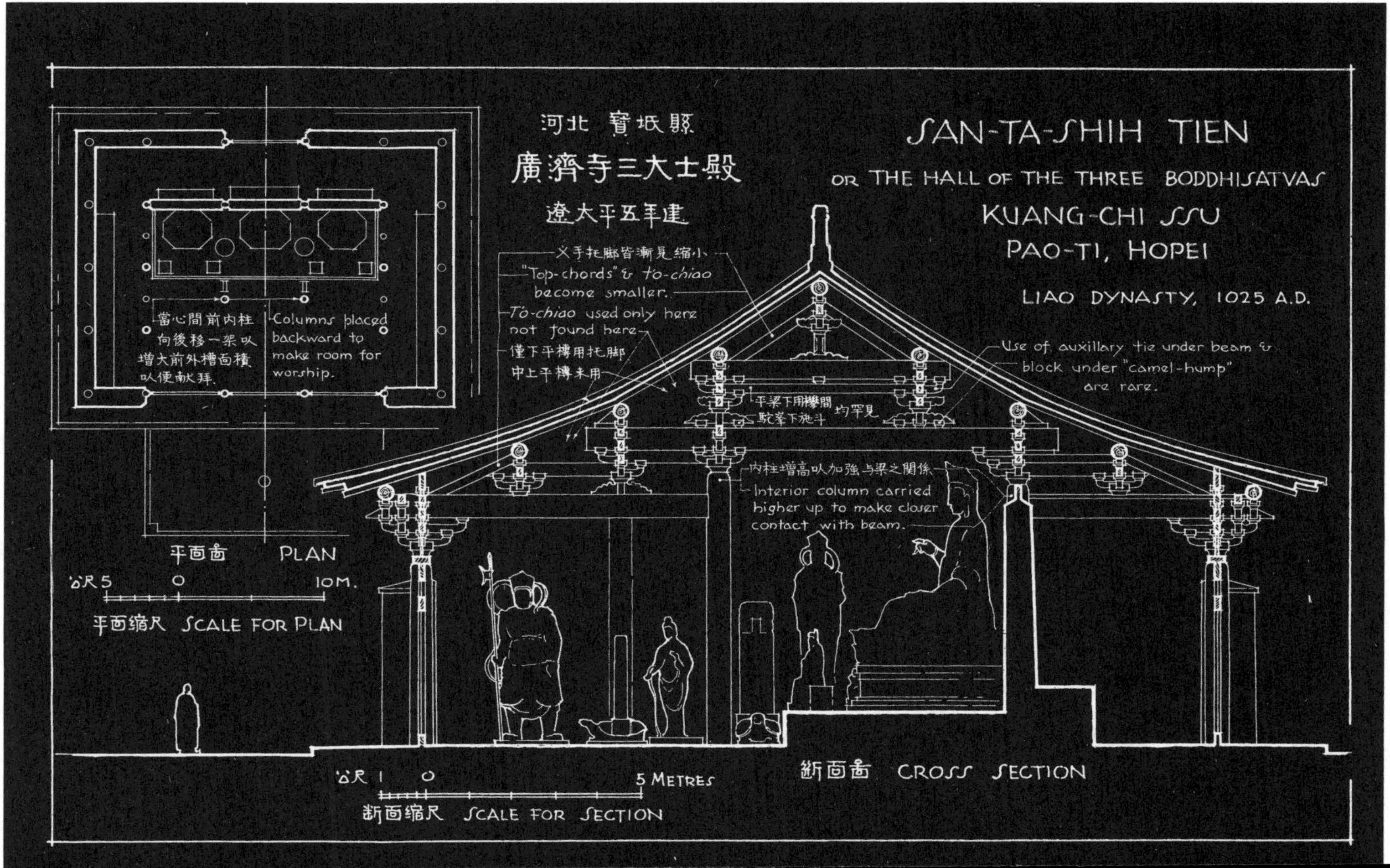

河北 寶坻縣
廣濟寺三大士殿
遼太平五年建
SAN-TA-SHIH TIEN
OR THE HALL OF THE THREE BODDHISATVAS
KUANG-CHI SSU
PAO-TI, HOPEI
LIAO DYNASTY, 1025 A.D.
當心間前內柱向後移一架以增大前外槽面積以便献拜.
Columns placed backward to make room for worship.
平面畫 PLAN
公尺 5 0 10M.
平面縮尺 SCALE FOR PLAN
叉手托脚皆漸見縮小
"Top-chords" & to-chiao become smaller.
To-chiao used only here
not found here
僅下平槫用托脚
中上平槫未用
平梁下用襻間 駝峯下施斗 均罕見
Use of auxillary tie under beam & block under "camel-hump" are rare.
內柱增高以加強与梁之關係
Interior column carried higher up to make closer contact with beam.
公尺 1 0 5 METRES
斷面縮尺 SCALE FOR SECTION
斷面畫 CROSS SECTION

河北宝坻县（今天津市宝坻区）广济寺三大士殿建于辽太平五年（公元 1025 年），正殿面阔五间、进深四间，殿的上部没有天花板，是宋《营造法式》中所说的“彻上露明造”的做法，其梁枋结构极其精巧。殿的主人翁就是殿名所称的“三大士”，即观音、文殊、普贤。三大士殿是国内稀有的单层辽代建筑，雄伟壮观，独具风格。

10 20 30

30 20 10

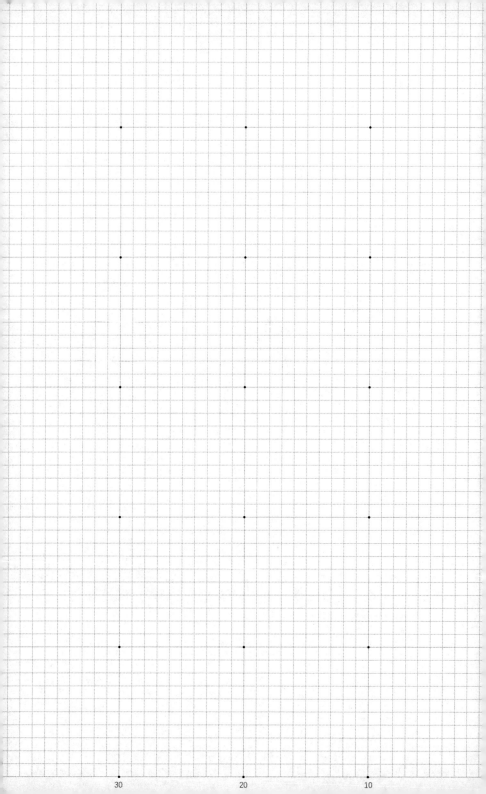

10 20 30

30 20 10

10 20 30